AF360285

EXTRAIT

DU

BULLETIN

DE LA

SOCIÉTÉ BELGE DE GÉOLOGIE

DE PALÉONTOLOGIE ET D'HYDROLOGIE

(Bruxelles)

Tome XVII — 1903

CHOIX

DE

L'EMPLACEMENT DES CIMETIÈRES

EXEMPLE DES SERVICES QUE PEUVENT RENDRE LA GÉOLOGIE ET L'HYDROLOGIE

(Commune d'Asquins, Yonne)

par M. MAX LE GOUPPEY DE LA FOREST

Ingénieur agronome,
Secrétaire de la Commission d'études des eaux de la ville de Paris.

BRUXELLES

HAYEZ, IMPRIMEUR DE L'ACADÉMIE ROYALE DE BELGIQUE

112, rue de Louvain, 112

Mai 1903

EXTRAIT
DU
BULLETIN DE LA SOCIÉTÉ BELGE DE GÉOLOGIE
DE PALÉONTOLOGIE ET D'HYDROLOGIE
Tome XVII. — Année 1903. — Procès-Verbaux, séance du 17 mars 1903, pp. 112-118.

CHOIX
DE
L'EMPLACEMENT DES CIMETIÈRES
EXEMPLE DES SERVICES QUE PEUVENT RENDRE LA GÉOLOGIE ET L'HYDROLOGIE

(Commune d'Asquins, Yonne)

par M. MAX LE COUPPEY DE LA FOREST
Ingénieur agronome,
Secrétaire de la Commission d'études des eaux de la ville de Paris.

Parmi les considérations qui doivent guider les communes dans la détermination de l'emplacement de leur cimetière, celles tirées de la Géologie sont à envisager en premier lieu. Dès 1889, MM. Rutot et Van den Broeck ont fait remarquer ici même le rôle si important que doit jouer la Géologie dans la question des cimetières (1).

Mais une autre science, intimement liée à la Géologie, l'Hydrologie, est appelée quelquefois à rendre des services. Il peut être utile, dans certains cas, d'avoir recours aux méthodes d'investigation que l'on est accoutumé depuis quelque temps à utiliser en hydrologie et dont la ville de Paris a tellement généralisé l'emploi : nous voulons parler de l'étude des eaux souterraines et des expériences sur leur propagation.

Ayant été consulté dernièrement par une petite commune du département de l'Yonne, la commune d'Asquins, sur le choix de l'emplacement de son cimetière, nous avons eu l'occasion d'appliquer ces méthodes. M. Van den Broeck, notre aimable et distingué Secrétaire général, a bien voulu accepter, pour le *Bulletin* de la Société, le récit des travaux que nous avons été amené à effectuer en cette circonstance; nous avons par suite l'honneur d'en rendre compte ci-dessous.

La commune d'Asquins désirait désaffecter son cimetière, établi autour de l'église du village, et le transférer en un autre emplacement. Parmi les terrains qui auraient pu convenir, tant au point de vue de leur situation par rapport aux vents dominants, qu'en vertu de la nature

---

(1) Voir *Bulletin de la Société belge de Géologie, de Paléontologie et d'Hydrologie*, t. III, 1889, *Pr.-Verb.*, pp. 67-73.

de leur sol, un certain champ, dit *champ de la Louise,* avait réuni la majorité des suffrages de la municipalité.

Mais il s'éleva un conflit. La ville de Vézelay, distante d'environ 3 kilomètres d'Asquins, tire son alimentation en eau potable d'une source dite « source Choslin », qui est située sur le territoire d'Asquins, à 225 mètres seulement du champ de la Louise et en contre-bas de ce dernier. Elle s'opposa énergiquement au transfert du cimetière d'Asquins au lieu choisi. Elle prétendit, non sans quelque apparence de raison, que l'installation du cimetière en ce point pourrait faire courir des risques de contamination à la source d'où elle tirait son alimentation.

Le Comité d'hygiène publique et de salubrité de l'arrondissement d'Avallon fut saisi de la question. Il déclara ne pouvoir donner son assentiment au projet de nouvel établissement du cimetière que dans le cas où des études montreraient que cet établissement ne pourrait porter aucun préjudice à la source captée par Vézelay.

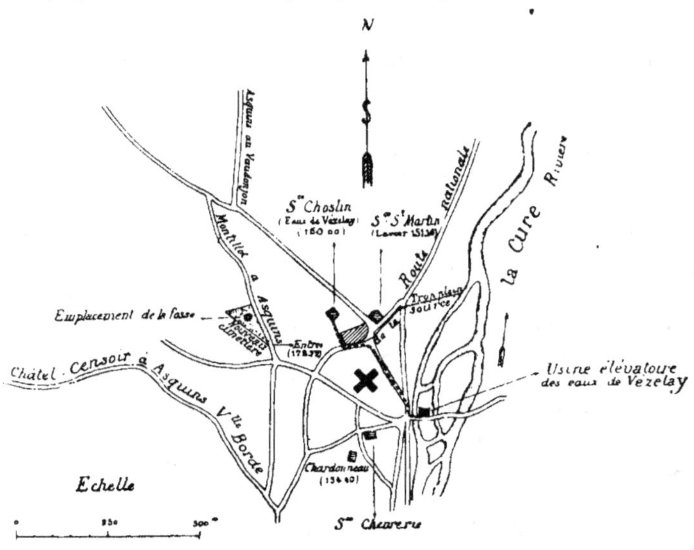

Commune d'Asquins

M. le Maire d'Asquins voulut bien nous charger de faire les études réclamées par le Comité d'hygiène. Nous nous rendîmes en conséquence sur les lieux pour juger des travaux auxquels il pourrait y avoir lieu de procéder.

L'emplacement choisi comme nouveau cimetière, appelé communément champ de la Louise, se trouve sur le coteau de droite d'une vallée sèche qui descend du massif boisé des Fouteaux et des champs Gringaut et qui débouche, à Asquins, dans la vallée de la Cure.

Il est en pente douce, son entrée est à la cote 172.77. La source Choslin, située 225 mètres en aval, au milieu du thalweg de la même vallée, est à la cote 150.00. Une autre source, dite source Saint-Martin, émerge à peu de distance de la précédente, dans le thalweg de la même vallée sèche, mais vers le pied du coteau de gauche. Elle est à la cote 151.16 et se borne à alimenter un lavoir communal.

Le haut des plateaux et la partie supérieure de la vallée sont constitués par des calcaires oolithiques perméables, appartenant au Bathonien moyen. Sous cette formation se rencontrent, affleurant à mi-coteau et au-dessus du champ de la Louise, des calcaires marneux, blanc jaunâtre, du Bathonien inférieur. Ces calcaires marneux sont recouverts, tant dans le fond de la vallée que sur les premières pentes des coteaux, par une épaisse couche d'alluvions modernes.

Il résulte de cette disposition des assises que le champ de la Louise semblait présenter d'excellentes conditions pour l'installation d'un cimetière. Son sol était, en effet, formé par 2 mètres de terre franche et perméable (alluvions modernes), où l'action biologique devait s'exercer avec facilité et qui devaient assurer l'assainissement du cimetière.

Mais il était à craindre que les eaux qui pouvaient circuler dans cette couche perméable d'alluvions ne fussent drainées vers la source Choslin, captée par Vézelay, et il s'agissait de savoir dans ce cas quelle pouvait être la valeur épuratrice de ces alluvions. Désireux de nous fixer sur ces deux points, nous demandâmes à M. le Maire d'Asquins de tout préparer pour procéder à une fouille et à une expérience à la fluorescéine.

L'ouverture de la fouille ne présentait aucune difficulté. Il importait uniquement de la descendre à la profondeur à laquelle seraient ensevelis les corps, soit 2 mètres.

Il en était autrement pour la préparation et l'exécution de l'expérience à la fluorescéine. Il fallait déverser de la matière colorante dans la fouille et créer dans cette dernière un courant d'eau continu pour entraîner la fluorescéine et lui permettre de ressortir soit à la source Choslin, soit à la source Saint-Martin, soit en tout autre point. Or, les pluies avaient été très en retard cette année et les terres étaient encore très sèches lors de notre visite à Asquins (7 mai 1902). Il devenait par suite indispensable de déverser de grandes quantités d'eau dans la fouille, afin d'imprégner les terrains avoisinants et d'arriver à créer un écoulement pour l'eau. Il n'existait aucun ruisseau en amont du champ de la Louise. Il fallait donc aller chercher l'eau nécessaire par charroi dans le fond de la vallée, c'est-à-dire à 225 mètres en ligne droite, mais à plus de 1 kilomètre en réalité, étant donné les mauvais chemins qui accédaient au champ.

Ceci fait, il fallait répandre l'eau dans la fouille d'une façon continue pendant plusieurs heures avant le jet de la matière colorante. Pour peu que l'opération durât quatre heures et que l'on voulût déverser dans la fouille un débit de 3 litres à la seconde, il fallait disposer d'une provision d'environ 40 mètres cubes aux alentours de la fouille.

Ces conditions n'étaient pas faciles à réaliser. Toutefois, après avoir conféré avec M. le Maire d'Asquins, nous arrêtâmes les dispositions suivantes, qui répondaient aux ressources locales.

On rassemblerait, à l'entrée du champ de la Louise, tous les récipients (tonneaux, futailles) que l'on pourrait trouver dans le pays ; on les remplirait d'eau, afin de constituer une réserve suffisante et l'on rejeterait cette eau dans la fouille, d'une façon continue, au moyen de la pompe à incendie de la commune.

Les seuls récipients disponibles étaient des tines à vendange, ou petites futailles ouvertes d'un côté, qui, dans ces pays de vignobles, servent à transporter les raisins vendangés depuis la vigne jusqu'au pressoir. Ces tines contiennent environ 90 litres. Il en aurait fallu par suite plus de 400 pour faire les 35 à 40 mètres cubes d'eau demandés. Or, à Asquins, on ne put guère en trouver que 200. Il fallut alors organiser un service de va-et-vient pour remplir les tines au fur et à mesure qu'elles seraient vidées.

Malgré toutes les difficultés, tant d'organisation que de surveillance, que devait présenter une pareille entreprise, l'opération put se passer sans le moindre à-coup, grâce à l'aide si intelligente de MM. le Maire et l'Adjoint d'Asquins et au concours très dévoué de toute la population. Nous sommes heureux de constater ici cette parfaite entente, car il est peu de communes où nous aurions rencontré le même dévouement chez la municipalité et chez la population, si intéressées fussent-elles au résultat de l'expérience.

Ces différentes mesures prises, nous procédâmes, le vendredi 16 mai 1902, à 9 heures du matin, à notre expérience, en présence de MM. les Maires d'Asquins et de Vézelay et du Vice-Président du Conseil d'hygiène d'Avallon, M. Degoix, Conseiller général, ainsi que de plusieurs autres notabilités.

La fouille avait $2^m,40$ de profondeur, soit 2 mètres dans les alluvions, $0^m,40$ dans le Bathonien inférieur, ce dernier représenté ici par une roche dure et d'aspect imperméable, mais divisée en petits bancs.

Nous fîmes alors déverser dans la fosse, au moyen de la pompe à incendie, manœuvrée par huit hommes, de l'eau jusqu'à atteindre $0^m,40$ de hauteur, c'est-à-dire jusqu'à l'affleurement inférieur des alluvions. Après quinze minutes d'attente, le plan d'eau n'avait pas sensiblement baissé, ce qui prouve que les calcaires marneux du Bathonien inférieur sont sensiblement imperméables en ce point.

Cette constatation faite, nous fîmes pomper de l'eau d'une façon ininterrompue dans la fouille pendant quatre heures. Au bout de ce temps, on avait déversé dans cette dernière 385 tines à vendange ou $34^{m3},5$, ce qui correspondait à un débit moyen de $2^l,5$ à la seconde.

Pendant ces quatre heures, l'eau ne s'était pas absorbée d'une façon régulière dans la fouille. Au début, elle s'était infiltrée avec grande facilité. Puis, les terrains environnants s'étant peu à peu saturés, elle ne s'absorba plus en totalité pendant les deux dernières heures. Son niveau monta dans la fouille progressivement et régulièrement de $0^m,01$ par minute.

De ces données, on peut déduire quelle était la puissance d'absorption du terrain à partir de l'instant où il fut saturé.

La fosse avait, en effet, $1^m,50$ de large et 2 mètres de long. La hauteur de l'eau s'y élevant de $0^m,01$ par minute, le volume de l'eau s'y accroissait par seconde de

$$\frac{2 \times 1.5 \times 0.01}{60} = 0^{lit},5.$$

Or, pendant le même temps, on déversait $2^l,5$ dans la fosse. Celle-ci absorbait donc 2 litres sur les $2^l,5$ qu'on lui fournissait, c'est-à-dire les $4/5$.

Ceci nous prouve l'extrême perméabilité de ces alluvions modernes, qui seules constituaient la partie absorbante de la fosse.

Après avoir ainsi fait déverser pendant quatre heures de l'eau dans la fouille, nous y jetâmes, à 1 h. 40 du soir, 1 kilogramme de fluorescéine.

A partir de ce moment, la manœuvre de la pompe continua, il est vrai, mais fut considérablement ralentie. Les terrains étaient en effet saturés d'eau : il suffisait de verser dans la fouille de faibles quantités d'eau pour que l'écoulement créé persistât.

En une heure trois quarts de temps, on se borna à pomper 70 tines à vendange, soit 6 mètres cubes, ce qui correspondait à un débit moyen de $0^l,5$ par seconde.

La fluorescéine apparut à 3 h. 10 du soir à la source Choslin, qu'elle colora d'un vert intense, ainsi que tout le ruisseau issu de cette source.

La matière colorante n'avait mis que une heure trente-cinq pour parcourir les 225 mètres qui séparent le champ de la Louise de la source Choslin. Elle avait marché avec une vitesse de 150 mètres à l'heure, la pente générale étant de 9.2 %.

Ce chiffre de 150 mètres est très élevé, étant donné qu'à l'endroit de la fouille le calcaire est imperméable, que c'est dans les *alluvions* et non dans le *calcaire* que l'eau a dû circuler et qu'on ne trouve jamais pour la circulation de l'eau dans les alluvions de vitesse analogue.

Il est si élevé qu'il est permis de se demander si, à quelque distance de la fouille, il n'existe par des fissures importantes dans le calcaire ayant drainé l'eau et ayant déterminé la vitesse de propagation de la fluorescéine.

L'expérience ci-dessus n'a pu fixer ce point. Mais, étant donné que le but qu'elle se proposait était de montrer si l'eau d'infiltration baignant les corps ensevelis dans le cimetière pouvait rejoindre la source Choslin et qu'elle a prouvé qu'en effet cette eau gagnerait la source avec une grande vitesse, la question de savoir si le calcaire est ou non fissuré au voisinage de la fouille, si elle présente un certain intérêt au point de vue scientifique, n'en offre qu'un bien moindre au point de vue pratique. D'ailleurs même si ces fissures existent, il n'en reste pas moins acquis que l'eau a dû traverser les alluvions avec une certaine vitesse pour rejoindre ces fissures et que, par suite, les alluvions sont très perméables.

Conclusions :

L'expérience et les recherches précédentes ont montré :

1° Que les alluvions modernes dans lesquelles les fosses du cimetière seraient creusées sont très perméables;

2° Que les eaux de pluie ou de ruissellement qui s'infiltreraient dans le cimetière et baigneraient les corps iraient ressortir à la source Choslin;

3° Qu'en saison humide, c'est-à-dire lorsque les terrains seraient saturés, ces eaux réapparaîtraient à la source Choslin avec une vitesse de 150 mètres à l'heure, exclusive de toute idée d'auto-épuration.

Dans ces conditions et sans faire de recherches plus approfondies, telles que des expériences d'ensemencement à l'aide de la levure de bière, nous avons cru pouvoir nous élever catégoriquement contre le transfert du cimetière d'Asquins au champ de la Louise, en raison des contaminations éventuelles de la source Choslin.

Nous devons ajouter qu'à la suite de cette expérience, la municipalité d'Asquins a renoncé au transfert de son cimetière.

A la suite de cette intéressante communication, une courte discussion s'ouvre sur le point de savoir s'il est réellement possible que la vitesse de translation indiquée par l'expérience de M. Le Couppey puisse être attribuée aux seules alluvions séparant la fouille de la source.

Plusieurs membres pensent, comme M. Le Couppey, que si le calcaire bathonien s'est montré imperméable à l'endroit de la fouille, cela n'implique nullement qu'il en soit de même partout en aval, soit dans la direction de la source.

Il est vraisemblable que l'énorme vitesse obtenue de 150 mètres à l'heure n'est nullement due à un simple phénomène de propagation dans la masse des alluvions terreuses, mais qu'elle aura été obtenue grâce à des fentes ou cassures du calcaire qui, ayant absorbé localement les eaux, les auront fait disparaître sous les alluvions et circuler en canaux localisés dans la direction de la source, où d'autres cassures les auront fait réapparaître.

M. le *Secrétaire général*, qui partage cette manière de voir, ajoute qu'il serait fort intéressant d'appliquer expérimentalement les procédés de M. Marboutin, déterminant les allures, en terrains fissurés, de ses courbes isochronochromatiques, aux réservoirs aquifères en terrains sableux, limoneux et alluviaux, afin de déterminer dans de tels dépôts les coefficients de vitesse d'écoulement des eaux et les causes de variation et d'irrégularité de propagation souterraine.

Expérience d'Asquins : Alimentation de la pompe qui déverse l'eau dans la fouille.

Expérience d'Asquins : Déversement de l'eau dans la fouille.

www.ingramcontent.com/pod-product-compliance
Lightning Source LLC
LaVergne TN
LVHW012200170726
843503LV00009B/4288